**Abdelhafid Mimouni**

# Ferredoxina e ferritina: uma perspetiva em evolução

Abdelhafid Mimouni

# Ferredoxina e ferritina: uma perspetiva em evolução

ScienciaScripts

**Imprint**



Cover image: www.ingimage.com

This book is a translation from the original published under ISBN 978-620-6-72229-8.

Publisher:
Sciencia Scripts
is a trademark of
Dodo Books Indian Ocean Ltd. and OmniScriptum S.R.L publishing group

120 High Road, East Finchley, London, N2 9ED, United Kingdom
Str. Armeneasca 28/1, office 1, Chisinau MD-2012, Republic of Moldova, Europe
Printed at: see last page
**ISBN: 978-620-8-12728-2**

# Ferredoxina e ferritina: uma perspetiva em evolução

**Autor** : Dr. Abdelhafid Mimouni

Investigador independente em química bioinorgânica, o Dr. Mimouni é especialista em síntese e caraterização macromolecular. Obteve o seu doutoramento em Química na Universidade de Paris XII em 1997, após um Diplôme des Études Approfondies em Sistemas Bioinorgânicos na Universidade de Paris XI em 1993, onde também obteve a sua Licenciatura e Mestrado em Química.

## Resumo

A regulação do ferro é vital para os organismos vivos, com mecanismos distintos nas bactérias e nos seres humanos. As bactérias utilizam a ferredoxina para os processos metabólicos, enquanto a ferritina e a transferrina gerem o armazenamento e o transporte do ferro nos seres humanos. As patologias ligadas a anomalias da ferritina sublinham a importância de uma regulação equilibrada do ferro. Uma melhor compreensão destes mecanismos poderia melhorar os tratamentos e inspirar novas terapias.

## Esboço do livro :

# Capítulo 1 Introdução à ferredoxina e à ferritina :

A gestão do ferro é crucial para o funcionamento dos sistemas biológicos e as proteínas envolvidas neste processo variam consideravelmente entre bactérias e organismos multicelulares como o homem. Duas proteínas emblemáticas neste contexto são a ferredoxina e a ferritina. Embora estas moléculas desempenhem papéis essenciais no metabolismo do ferro, fazem-no de formas distintas, dependendo das suas estruturas e funções específicas.

**Ferredoxina**

A ferredoxina é uma pequena proteína rica em ferro-enxofre encontrada principalmente em bactérias, algas e plantas. A sua estrutura caracteriza-se pela presença de aglomerados de ferro-enxofre, que são centros de transferência de electrões nas reacções redox. Estes aglomerados permitem que a ferredoxina participe em processos biológicos essenciais, como a fotossíntese e a fixação de azoto. Nas bactérias, a ferredoxina desempenha um papel fundamental nas reacções bioquímicas de transferência de electrões, contribuindo para a conversão de energia e a redução de vários substratos.

A principal função da ferredoxina é, portanto, atuar como transportador de electrões nas vias metabólicas, facilitando reacções enzimáticas que são cruciais para a sobrevivência e o crescimento dos microrganismos. Ao contrário das proteínas de armazenamento de ferro, a ferredoxina não está diretamente envolvida no armazenamento ou regulação do ferro, mas sim na mediação da sua transferência redox em processos metabólicos.

**Ferritina**

A ferritina, por outro lado, é uma proteína de armazenamento de ferro que é ubíqua em eucariotas, incluindo os humanos. A sua estrutura consiste num invólucro esférico de proteína que encapsula átomos de ferro sob a forma de minerais férricos. Este complexo permite à ferritina armazenar grandes quantidades de ferro de uma forma não tóxica e biodisponível, desempenhando assim um papel crucial na manutenção do equilíbrio do ferro no organismo.

A ferritina é particularmente importante na regulação do ferro, uma vez que liberta e capta ferro de acordo com as necessidades fisiológicas. Assegura a disponibilidade de ferro para os processos biológicos, como a síntese de hemoglobina e as reacções enzimáticas. A gestão adequada do ferro pela ferritina é vital na prevenção de condições patológicas como a anemia por deficiência de ferro ou a hemocromatose, uma doença genética caracterizada pela acumulação excessiva de ferro nos tecidos.

**Diferenças nos mecanismos de armazenamento e transporte do ferro**

As diferenças entre a ferredoxina e a ferritina reflectem os seus papéis distintos na gestão do ferro. Enquanto a ferredoxina está envolvida na transferência de electrões durante as reacções redox, a ferritina é especializada no armazenamento seguro e regulado do ferro. Assim, os mecanismos de armazenamento e transporte do ferro variam em função das necessidades biológicas dos organismos e das suas estruturas moleculares específicas.

A ferredoxina não tem um papel direto no armazenamento do ferro, mas é essencial para as reacções que utilizam o ferro como cofator. A ferritina, por outro lado, é uma proteína adaptativa que ajusta os níveis de ferro de acordo com as necessidades metabólicas, fornecendo uma reserva valiosa para processos biológicos vitais.

Ao comparar estas duas proteínas, podemos compreender melhor como diferentes formas de vida desenvolveram estratégias distintas para gerir um dos elementos mais essenciais à vida: o ferro.

# Capítulo 2 Análise das doenças associadas à ferritina

A ferritina é uma proteína fundamental na gestão do ferro no corpo humano. Sendo o principal reservatório de ferro, desempenha um papel crucial no armazenamento e libertação do ferro de acordo com as necessidades fisiológicas. Anomalias na função ou regulação da ferritina podem levar a uma variedade de patologias, que podem ter consequências significativas para a saúde humana. Este capítulo explora as doenças genéticas associadas à deficiência de ferritina, como a hemocromatose e as perturbações da absorção do ferro, bem como os impactos clínicos e fisiopatológicos destas deficiências.

## Doenças Genéticas Associadas à Deficiência de Ferritina

1. **Hemocromatose**

   A hemocromatose é uma doença genética que leva a uma sobrecarga excessiva de ferro no organismo. A doença resulta principalmente de mutações no gene HFE, que é responsável pela regulação da absorção de ferro no intestino. As mutações mais comuns, como a C282Y e a H63D, interrompem o mecanismo de regulação, levando a um aumento da absorção de ferro.

   Esta sobrecarga de ferro deposita-se em vários órgãos, incluindo o fígado, o pâncreas e o coração, e pode levar a complicações graves, como cirrose hepática, diabetes mellitus (devido a danos no pâncreas) e cardiomiopatia. Os sintomas clínicos incluem fadiga, dores nas articulações e hiperpigmentação da pele. O diagnóstico precoce é crucial e baseia-se em testes genéticos e bioquímicos. O tratamento da hemocromatose envolve geralmente uma sangria terapêutica para reduzir os níveis de ferro e evitar lesões nos órgãos.

2. **Perturbações da absorção do ferro**

As perturbações da absorção do ferro podem também resultar de uma deficiência de ferritina. A deficiência de ferritina está frequentemente associada a doenças como a anemia por deficiência de ferro, em que a falta de ferro resulta numa produção insuficiente de glóbulos vermelhos. Esta condição pode ser causada por produção insuficiente de ferritina, perda excessiva de ferro ou absorção ineficiente de ferro.

Os sintomas da deficiência de ferritina incluem fadiga, palidez e défice cognitivo. As abordagens terapêuticas centram-se na suplementação com ferro e na gestão das causas subjacentes. As mutações genéticas que afectam a síntese ou a regulação da ferritina também podem levar a formas específicas de perturbações do metabolismo do ferro.

## Impactos clínicos e fisiopatológicos das deficiências de ferritina

As deficiências de ferritina têm um impacto significativo na saúde, tanto do ponto de vista clínico como fisiopatológico.

- **Impacto clínico:** As patologias associadas à sobrecarga de ferro, como a hemocromatose, podem causar lesões graves nos órgãos e afetar a qualidade de vida. Os doentes podem sofrer de fadiga crónica, dores nas articulações e complicações metabólicas importantes. Por outro lado, a deficiência de ferritina pode levar a sintomas como a anemia, com efeitos secundários notáveis no desempenho diário e na capacidade cognitiva.
- **Impacto fisiopatológico:** O excesso de ferro provoca um stress oxidativo significativo, conduzindo a danos celulares e a doenças secundárias, incluindo cancro e doenças cardiovasculares. Em caso de deficiência, a ausência de ferritina resulta numa falha no armazenamento e transporte de ferro, levando à anemia e a perturbações na síntese de glóbulos vermelhos.

A análise destas patologias evidencia a importância de uma regulação precisa do ferro no organismo. O controlo dos níveis de ferritina e uma gestão adequada são essenciais para otimizar a saúde e prevenir as complicações graves associadas a um metabolismo anormal do ferro.

# Capítulo 3 Comparação dos mecanismos de regulação do ferro

A regulação do ferro é essencial para manter o equilíbrio deste elemento vital nos organismos vivos. As bactérias e os seres humanos adoptam estratégias distintas para regular e armazenar o ferro, devido às suas diferentes necessidades e estruturas biológicas. Este capítulo compara os mecanismos de regulação e armazenamento do ferro nestes dois grupos e examina a razão pela qual algumas patologias relacionadas com o ferro são específicas dos seres humanos e não das bactérias. Também exploraremos exemplos específicos de bactérias que utilizam a ferredoxina no seu metabolismo do ferro.

## Regulação e Armazenamento de Ferro em Bactérias

Como organismos unicelulares, as bactérias precisam de regular o ferro de forma eficiente para sobreviverem em ambientes que são frequentemente pobres em ferro. Eis alguns dos mecanismos utilizados pelas bactérias:

1. **Sistemas de captura de ferro:** As bactérias segregam frequentemente sideróforos, moléculas capazes de ligar o ferro com elevada afinidade, facilitando a sua absorção. Por exemplo, *a Escherichia coli* produz o sideróforo enterobactina, que se liga ao ferro e o transporta para a célula bacteriana.

## Sistemas de captura de ferro

Como as bactérias estão frequentemente expostas a ambientes onde o ferro está presente em quantidades muito limitadas, desenvolveram mecanismos sofisticados para capturar e transportar este elemento vital. Um dos sistemas mais eficientes utilizados pelas bactérias é a produção de sideróforos, que são moléculas especializadas capazes de ligar o ferro com uma afinidade muito elevada. Segue-se uma explicação pormenorizada deste processo e um exemplo específico utilizando *a Escherichia coli.*

## Como funcionam os sideróforos

Os sideróforos são moléculas pequenas e altamente selectivas que se ligam ao ferro ($Fe^{3+}$) com uma afinidade extremamente elevada. Essa alta afinidade é crucial, pois o ferro no ambiente está frequentemente na forma de ferro férrico ($Fe^{3+}$), que é pouco solúvel e difícil de ser capturado pelas células. Veja como funcionam os sideróforos:

**Secreção:** As bactérias sintetizam sideróforos no seu citoplasma e segregam-nos para o ambiente. Estes sideróforos ligam-se ao ferro presente no ambiente circundante.

**Captura de ferro:** Os sideróforos têm grupos funcionais (como hidroxilos e carboxilos) que se ligam especificamente ao ferro férrico, formando um complexo sideróforo-ferro. Este complexo é muito estável, permitindo a captura eficaz de ferro mesmo em baixas concentrações.

**Transporte para a célula:** Uma vez que o sideróforo tenha capturado o ferro, liga-se a receptores específicos na superfície da célula bacteriana. O complexo sideróforo-ferro é então internalizado por transporte ativo ou por mecanismos de ligação mediados por receptores, permitindo a entrada do ferro na célula.

**Libertação de ferro:** No interior da célula, o complexo sideróforo-ferro é frequentemente dissociado por reduções químicas ou alterações de pH, libertando o ferro para utilização em vários processos metabólicos.

### Exemplo de *Escherichia coli* e Enterobactina

Um exemplo típico de um sistema de absorção de ferro é observado na *Escherichia coli*, uma bactéria Gram-negativa que é comummente estudada. *A E. coli* produz um sideróforo chamado **enterobactina**, que desempenha um papel crucial na absorção de ferro.

1. **Síntese e secreção:** *A E. coli* sintetiza a enterobactina no citoplasma e excreta-a para o ambiente. A enterobactina é constituída por três unidades de N-hidroxietileno diamina triacética (NHE3) ligadas entre si, cada uma com capacidade para ligar ferro férrico.
2. **Captura de ferro:** A enterobactina liga-se com uma afinidade muito elevada ao ferro férrico disponível no ambiente extracelular, formando um complexo estável. Esta elevada afinidade permite à *E.*

*coli* capturar ferro mesmo quando este está presente em baixas concentrações.

3. **Transporte e internalização:** Uma vez formado o complexo sideróforo-ferro, este liga-se a um recetor específico na superfície da *E. coli*, denominado FepA (ferroportina A). O complexo é então internalizado na célula por um processo denominado endocitose.
4. **Utilização do ferro:** No interior da célula, o ferro é libertado da enterobactina por reduções químicas específicas ou por alterações do pH. O ferro é então utilizado para várias funções celulares, como a síntese do ADN, a respiração celular e as reacções enzimáticas.

**Importância dos sideróforos**

Os sideróforos são essenciais para a sobrevivência das bactérias em ambientes pobres em ferro. Eles permitem que as bactérias :

- **Aquisição de ferro:** os sideróforos aumentam a disponibilidade de ferro, um nutriente essencial, mesmo em condições de carência.
- **Evitar a concorrência:** Ao produzirem os seus próprios sideróforos, as bactérias podem obter ferro antes de outros microrganismos no mesmo ambiente.
- **Sobrevivência em ambientes hostis:** Os sideróforos permitem que as bactérias colonizem nichos ecológicos específicos, incluindo

ambientes internos ou hostis, como tecidos animais ou ambientes industriais.

Em resumo, os sideróforos são moléculas-chave que permitem às bactérias capturar o ferro de forma eficiente em ambientes frequentemente desfavoráveis. A sua produção e função, como observado com a enterobactina em *Escherichia coli*, ilustra o engenho dos mecanismos que as bactérias utilizam para satisfazer as suas necessidades de ferro.

2. **Armazenamento de ferro:** As bactérias utilizam proteínas de armazenamento de ferro, como a ferritina e a bacterioferritina. Um exemplo notável é o *Bacillus subtilis*, que armazena ferro utilizando a bacterioferritina para regular os níveis de ferro intracelular.
3. **Regulação:** As bactérias ajustam a expressão dos genes envolvidos na absorção e armazenamento de ferro em resposta aos níveis de ferro disponíveis. *A Pseudomonas aeruginosa*, por exemplo, regula a produção de sideróforos de acordo com a disponibilidade de ferro no seu ambiente.
4. **Ferredoxina:** A ferredoxina é uma proteína que contém ferro e está envolvida na transferência de electrões em vários processos metabólicos. Em bactérias como a *Clostridium acetobutylicum*, a ferredoxina desempenha um papel crucial na fixação e fermentação do azoto, utilizando o ferro para catalisar estas reacções.

## Ferredoxina: Função e papel metabólico

A ferredoxina é uma proteína que contém ferro e é essencial para a transferência de electrões durante vários processos metabólicos. Esta proteína desempenha um papel fundamental em várias vias bioquímicas, particularmente em bactérias, onde está envolvida em reacções cruciais como a fixação de azoto e a fermentação.

## Estrutura e propriedades da Ferredoxina

A ferredoxina caracteriza-se pela sua estrutura que contém aglomerados de ferro-enxofre, que são complexos de ferro e enxofre dispostos num padrão específico. Estes aglomerados de ferro-enxofre podem variar em tamanho e composição, mas a sua principal função é facilitar a transferência de electrões entre moléculas. A capacidade da ferredoxina para aceitar e doar electrões é crucial para as suas funções enzimáticas.

## Papel na fixação do azoto

Nas bactérias diazotróficas, como o *Clostridium acetobutylicum*, a ferredoxina desempenha um papel fundamental na fixação do azoto. A fixação do azoto é o processo pelo qual o azoto gasoso ($N_2$) presente na atmosfera é convertido em amoníaco ($NH_3$), uma forma que pode ser utilizada pelas plantas e pelos microrganismos. Este processo é catalisado pela enzima nitrogenase, que utiliza moléculas de ferredoxina para transferir os electrões necessários para reduzir o azoto.

Nesta reação, a ferredoxina fornece electrões à nitrogenase, permitindo que o azoto atmosférico seja convertido em amoníaco. A nitrogenase é uma enzima complexa que necessita de uma quantidade significativa de energia e de transferência de electrões para realizar esta conversão. A ferredoxina, com os seus aglomerados de ferro-enxofre, desempenha um papel fundamental na facilitação desta transferência de electrões devido à sua capacidade de alternar facilmente entre estados de oxidação.

**Papel na Fermentação**

A fermentação é um processo metabólico pelo qual as bactérias convertem substratos orgânicos em produtos finais, frequentemente para gerar energia na ausência de oxigénio. No *Clostridium acetobutylicum*, a ferredoxina está envolvida na fermentação de vários substratos, incluindo açúcares, para produzir ácidos orgânicos, álcoois e outros compostos.

A ferredoxina actua transferindo electrões para as enzimas envolvidas nas vias de fermentação. Por exemplo, na fermentação butírica, a ferredoxina transfere electrões para a butirato quinase e outras enzimas, facilitando a conversão de substratos em ácido butírico e outros produtos de fermentação.

**Importância da Ferredoxina nos Processos Metabólicos**

A capacidade da ferredoxina para transferir electrões é essencial para muitos processos metabólicos:

- **Eficiência energética:** A ferredoxina permite uma transferência rápida e eficiente de electrões, facilitando as reacções bioquímicas que são cruciais para a sobrevivência e o crescimento das bactérias.
- **Redução de compostos:** Ao fornecer electrões para reacções de redução, a ferredoxina está envolvida na transformação de vários compostos, tornando estes processos bioquímicos possíveis.
- **Adaptação metabólica:** A presença e a atividade da ferredoxina permitem que as bactérias se adaptem a diferentes ambientes e metabolizem diferentes substratos, contribuindo para a sua diversidade funcional e ecológica.

Em resumo, a ferredoxina é uma proteína vital que desempenha um papel central na transferência de electrões em vários processos metabólicos, incluindo a fixação de azoto e a fermentação, utilizando o ferro para catalisar estas reacções. A sua função é essencial para o metabolismo de bactérias como o *Clostridium acetobutylicum*, sublinhando a importância desta proteína nos ciclos biológicos e nos processos bioquímicos.

## Regulação e armazenamento de ferro nos seres humanos

Nos seres humanos, a regulação do ferro é mais complexa devido à necessidade de manter níveis adequados de ferro num organismo multicelular:

1. **Absorção do ferro:** O ferro é absorvido principalmente no intestino delgado. O transportador de ferro, ferroportina, desempenha um papel importante na passagem do ferro do interior das células intestinais para o sangue. A absorção do ferro é regulada pela produção de hepcidina, uma hormona hepática que controla a libertação do ferro armazenado nos macrófagos e no fígado.
2. **Armazenamento de ferro:** Nos seres humanos, a ferritina é o principal mecanismo de armazenamento de ferro. Encontra-se principalmente no fígado, no baço e na medula óssea. Para além da ferritina, a hemossiderina é outra forma de armazenamento de ferro, geralmente observada em casos de sobrecarga de ferro.
3. **Regulação:** A regulação do ferro nos seres humanos é influenciada por mecanismos hormonais e genéticos. A hepcidina desempenha um papel central na regulação da absorção e armazenamento do ferro, modulando a atividade da ferroportina. Factores como a inflamação e as necessidades de ferro do organismo podem influenciar os níveis de hepcidina e, consequentemente, a disponibilidade de ferro.

## Especificidade das doenças relacionadas com o ferro

Certas patologias associadas a perturbações do ferro são específicas dos seres humanos e não são observadas nas bactérias devido a diferenças fundamentais nos sistemas biológicos:

1. **Hemocromatose:** Esta doença genética, caracterizada por uma sobrecarga excessiva de ferro, é especificamente humana. As mutações nos genes que regulam a absorção de ferro, como o HFE, são exclusivas dos humanos e não são observadas nas bactérias. Os mecanismos pelos quais o ferro é regulado nas bactérias não conduzem a patologias semelhantes, uma vez que a sua regulação é adaptativa e frequentemente mais simples.
2. **Anemia por deficiência de ferro:** Embora as bactérias possam ser deficientes em ferro, a anemia por deficiência de ferro é uma doença clínica específica dos seres humanos. Esta condição está ligada a factores complexos, incluindo a regulação da ferritina e a procura de ferro para a produção de glóbulos vermelhos, que não são diretamente comparáveis aos mecanismos de regulação do ferro nas bactérias.
3. **Sobrecarga de ferro:** Os seres humanos estão sujeitos a condições de sobrecarga de ferro, como a hemocromatose e a hemossiderose, patologias específicas devido à complexidade do sistema de regulação do ferro e à ausência de mecanismos equivalentes nas bactérias.

Em conclusão, a comparação dos mecanismos de regulação e armazenamento de ferro entre bactérias e humanos revela diferenças significativas devido à complexidade e às necessidades biológicas distintas destes organismos. Os exemplos de bactérias que utilizam a ferredoxina ilustram a diversidade de estratégias metabólicas para a gestão do ferro. As patologias associadas aos distúrbios do ferro reflectem estas diferenças e mostram como mecanismos evolutivos únicos podem influenciar as doenças específicas de cada grupo.

# Capítulo 4 Evolução e Adaptação: Armazenamento de Ferro e Mecanismos de Regulação

A evolução moldou vários mecanismos biológicos, incluindo os envolvidos no armazenamento e regulação do ferro. O ferro é um elemento essencial para todos os organismos vivos, desempenhando um papel crucial em processos biológicos como a respiração celular, a fotossíntese e a síntese de ADN. No entanto, a forma como o ferro é armazenado e regulado varia consideravelmente entre diferentes grupos de organismos, reflectindo uma adaptação evolutiva a necessidades específicas e a ambientes variados.

## Evolução dos mecanismos de armazenamento e regulação do ferro

### 1. Adaptação em bactérias

Os mecanismos de armazenamento e regulação do ferro nas bactérias evoluíram para responder aos desafios específicos do seu ambiente. As bactérias, que vivem em ambientes frequentemente pobres em ferro, desenvolveram estratégias únicas para capturar e utilizar este nutriente essencial:

- **Sideróforos:** Como mencionado acima, as bactérias produzem sideróforos para capturar ferro de fontes ambientais. Esta adaptação permite-lhes prosperar em ambientes limitados em ferro, utilizando moléculas de alta afinidade para extrair ferro férrico ($Fe^{3+}$) do seu ambiente.

- **Armazenamento intracelular:** Algumas bactérias utilizam proteínas de armazenamento de ferro, como a bacterianina, para armazenar ferro no interior da célula. Estas proteínas permitem às bactérias armazenar ferro durante os períodos em que este é abundante e libertá-lo quando os níveis são baixos.
- **Sistemas de regulação:** As bactérias desenvolveram sistemas de regulação sofisticados para controlar a expressão dos genes envolvidos na absorção e utilização do ferro. Por exemplo, o sistema regulador da proteína Fur (ferric uptake regulator) regula a transcrição de genes ligados à absorção de ferro em resposta aos níveis de ferro disponíveis.

**2. Adaptação em eucariotas :**

Nos eucariotas, os mecanismos de armazenamento e regulação do ferro também estão adaptados às suas necessidades e ambientes específicos:

- **Ferritina e hemossiderina:** Nos animais, o ferro é armazenado principalmente sob a forma de ferritina e hemossiderina nas células. A ferritina é uma proteína que armazena o ferro numa forma solúvel e biodisponível, enquanto a hemossiderina é uma forma insolúvel de armazenamento de ferro, frequentemente associada a patologias como a hemocromatose.

- **Sistemas de transporte:** Os eucariotas utilizam proteínas de transporte do ferro, como a transferrina, que se liga ao ferro e o transporta no sangue para as células que dele necessitam. A regulação da transferrina é essencial para manter o equilíbrio do ferro e prevenir a sobrecarga ou a deficiência de ferro.
- **Mecanismos de absorção:** Os eucariotas, como os humanos, desenvolveram mecanismos de absorção do ferro no intestino, onde o ferro da dieta é absorvido e regulado de acordo com as necessidades do organismo. Proteínas como a ferritina e a hepcidina regulam esta absorção para evitar o excesso de ferro.

# Capitulo 5 Evoluçao das patologias genéticas e sua especificidade humana

## 1. Patologias associadas à deficiência de ferritina :

As patologias ligadas à deficiência de ferritina nos seres humanos, como a hemocromatose e os distúrbios de absorção do ferro, são frequentemente o resultado de mutações genéticas que afectam a regulação do ferro. Estas doenças não são observadas nas bactérias, e há várias razões para esta especificidade:

- **Complexidade metabólica:** As patologias humanas relacionadas com o ferro devem-se frequentemente a defeitos em proteínas específicas de armazenamento e regulação do ferro, como a ferritina, a transferrina e a hepcidina. Estas proteínas desempenham papéis complexos na regulação do ferro, e as mutações podem causar desequilíbrios significativos, conduzindo à doença.
- **Especificidade da via:** Os mecanismos de armazenamento e regulação do ferro em bactérias e eucariotas estão adaptados às suas diferentes necessidades fisiológicas. As bactérias têm sistemas de captura e armazenamento de ferro menos complexos do que os eucariotas. As mutações genéticas que afectam a regulação do ferro nos eucariotas podem não ter um análogo direto nas bactérias.
- **Diferenças evolutivas:** A evolução conduziu a mecanismos de regulação do ferro que são específicos dos eucariotas, incluindo os

seres humanos. Estes mecanismos são frequentemente mais sofisticados devido à complexidade das funções biológicas e às necessidades metabólicas mais variadas. As patologias relacionadas com o ferro nos seres humanos resultam frequentemente de uma desregulação fina destes sistemas complexos, ao passo que as bactérias não evoluíram para desenvolver tais patologias.

**2. Exemplos de patologias específicas dos seres humanos :**

- **Hemocromatose:** Doença genética caracterizada pela absorção excessiva de ferro, frequentemente devido a mutações no gene HFE. Esta sobrecarga de ferro pode provocar lesões em órgãos como o fígado, o coração e o pâncreas.
- **Anemia por deficiência de ferro:** resultante de uma carência de ferro, esta doença pode ser causada por perturbações da absorção, hemorragias crónicas ou mutações que afectam a regulação do ferro. Os sintomas incluem fadiga extrema e produção reduzida de glóbulos vermelhos.

Em resumo, os mecanismos de armazenamento e regulação do ferro evoluíram para satisfazer as necessidades específicas de diferentes grupos de organismos. As bactérias e os eucariotas, como os seres humanos, desenvolveram adaptações únicas para gerir o ferro nos seus respectivos ambientes. As patologias genéticas ligadas ao ferro nos seres humanos, como a hemocromatose e a anemia por deficiência de ferro, ilustram a complexidade dos sistemas de regulação do ferro e a especificidade destas doenças para os eucariotas. Estas doenças não são observadas nas bactérias, em parte devido a diferenças evolutivas nos mecanismos de regulação do ferro.

# Capítulo 6 Aplicações e perspectivas de investigação

O estudo dos mecanismos de armazenamento e regulação do ferro em bactérias e eucariotas, bem como das patologias associadas, tem implicações importantes para a investigação biomédica e para potenciais tratamentos. Uma compreensão aprofundada destes mecanismos pode conduzir a novas estratégias para o tratamento de doenças relacionadas com o ferro e abrir caminhos para futuras investigações comparativas.

**Implicações para a investigação biomédica**

**1. Avanços no tratamento das doenças relacionadas com o ferro :**

Os conhecimentos adquiridos sobre a regulação do ferro podem influenciar diretamente o desenvolvimento de tratamentos para doenças como a hemocromatose e a anemia por deficiência de ferro. Por exemplo:

- **Terapias direcionadas:** Uma melhor compreensão dos mecanismos pelos quais o ferro é regulado poderá levar à conceção de terapias direcionadas que modulem especificamente as proteínas envolvidas na absorção e armazenamento do ferro. Os agentes que regulam a produção de hepcidina ou de outras proteínas envolvidas no metabolismo do ferro poderão oferecer opções terapêuticas para o tratamento de doenças relacionadas com o ferro.
- **Desenvolvimento de novos medicamentos:** A investigação sobre os sideróforos e as proteínas de armazenamento de ferro nas bactérias pode inspirar o desenvolvimento de novos medicamentos.

Por exemplo, os compostos que imitam a ação dos sideróforos poderiam ser utilizados para interagir com as proteínas de transporte do ferro no corpo humano e tratar a deficiência ou o excesso de ferro.

- **Biomarcadores:** A compreensão das diferenças nos mecanismos de armazenamento do ferro poderá levar à descoberta de biomarcadores para um diagnóstico mais exato das doenças relacionadas com o ferro. Os biomarcadores específicos poderiam facilitar a deteção precoce e uma gestão mais eficaz de doenças como a hemocromatose e as perturbações da absorção do ferro.

**2. Aplicações em medicina :**

Os avanços na nossa compreensão dos mecanismos de regulação do ferro têm aplicações potenciais na medicina:

- **Terapias genéticas:** A investigação sobre as mutações genéticas que afectam a regulação do ferro pode conduzir a abordagens de terapia genética para corrigir os defeitos responsáveis pelas patologias relacionadas com o ferro.
- **Fármacos quelantes:** O conhecimento da bioquímica dos sideróforos pode inspirar novos quelantes de ferro que poderiam ser utilizados para tratar a sobrecarga de ferro, particularmente em doenças como a hemocromatose.

## Avenidas para futuras investigações comparativas

### 1. Comparação dos mecanismos de regulação :

Estudos comparativos aprofundados dos mecanismos de regulação do ferro em bactérias e eucariotas podem revelar semelhanças e diferenças fundamentais:

- **Mecanismos moleculares:** A comparação das proteínas de armazenamento e regulação do ferro, como a ferritina, a transferrina e os sideróforos, pode fornecer informações sobre as adaptações evolutivas e as estratégias específicas de cada grupo de organismos.
- **Adaptações evolutivas:** Uma análise das adaptações evolutivas nos mecanismos de regulação do ferro pode ajudar-nos a compreender como diferentes organismos desenvolveram estratégias para lidar com os desafios relacionados com o ferro, particularmente em ambientes variados.

### 2. Estudos funcionais :

A investigação funcional pode explorar o modo como os mecanismos reguladores do ferro afectam a biologia celular e a fisiopatologia das doenças:

- **Modelos animais:** A utilização de modelos animais para estudar mutações genéticas que afectam a regulação do ferro pode fornecer informações sobre o impacto clínico e fisiopatológico dessas mutações.

- **Abordagens de biologia estrutural:** A análise estrutural das proteínas envolvidas no metabolismo do ferro, como as proteínas de armazenamento e transporte, pode revelar mecanismos de ação e potenciais locais de intervenção terapêutica.

**3. Inovações tecnológicas :**

As inovações tecnológicas podem melhorar a investigação sobre o ferro:

- **Espectroscopia avançada:** A utilização de técnicas avançadas de espetroscopia, como a espetroscopia de absorção de raios X (XAS), poderia fornecer informações pormenorizadas sobre os complexos de ferro em diferentes contextos biológicos.
- **Bioinformática:** As ferramentas bioinformáticas podem ajudar a analisar as sequências e as estruturas das proteínas envolvidas na regulação do ferro para identificar novos alvos terapêuticos.

Em resumo, o nosso conhecimento da regulação do ferro e das patologias associadas abre numerosas oportunidades para a investigação biomédica e o desenvolvimento de novos tratamentos. A investigação comparativa dos mecanismos de regulação do ferro em bactérias e eucariotas, bem como os estudos funcionais e tecnológicos, oferecem vias promissoras para investigações futuras.

A investigação biomédica beneficia muito com o estudo comparativo destes mecanismos, oferecendo perspectivas para o desenvolvimento de tratamentos mais direcionados e estratégias de gestão de doenças relacionadas com o ferro. A exploração das semelhanças e diferenças na regulação do ferro entre bactérias e seres humanos abre caminhos promissores para investigações futuras. Ao integrar abordagens inovadoras e ferramentas tecnológicas avançadas, os investigadores podem fazer avançar a nossa compreensão das patologias relacionadas com o ferro e melhorar as intervenções terapêuticas. A colaboração interdisciplinar e a aplicação de descobertas fundamentais à prática clínica continuarão a desempenhar um papel crucial na gestão dos distúrbios do ferro e na promoção da saúde em geral.

# Capítulo 7: Diferenças na regulação e armazenamento do ferro: comparação entre bactérias e seres humanos

## Introdução

O ferro é um elemento essencial para todos os organismos vivos, desempenhando um papel crucial em vários processos biológicos, incluindo o transporte de oxigénio, a respiração celular e a síntese de ADN. No entanto, a forma como o ferro é regulado e armazenado varia consideravelmente entre bactérias e humanos, reflectindo adaptações evolutivas específicas aos seus ambientes e necessidades. Este capítulo explora estas diferenças e analisa a razão pela qual certas patologias genéticas relacionadas com o ferro afectam especificamente os seres humanos e não as bactérias.

## Mecanismos de regulação e armazenamento do ferro

### 1. Regulação do ferro nas bactérias

Devido à sua diversidade e ambientes variados, as bactérias desenvolveram mecanismos distintos para capturar e utilizar o ferro. Dois exemplos notáveis são a *Escherichia coli* e o *Clostridium acetobutylicum.*

- **Sideróforos**: Muitas bactérias, incluindo *a E. coli*, segregam sideróforos, moléculas especializadas na captura de ferro livre do ambiente. A enterobactina, um sideróforo produzido pela *E. coli*, tem uma afinidade muito elevada pelo ferro, permitindo à bactéria absorver este mineral mesmo em baixas concentrações. Uma vez capturado, o ferro é transportado para a célula bacteriana, onde é utilizado para diversas funções metabólicas.

- **Ferredoxina**: *O Clostridium acetobutylicum* utiliza a ferredoxina, uma proteína que contém ferro, para catalisar reacções-chave como a fixação de azoto e a fermentação. A ferredoxina desempenha um papel crucial nestes processos através da transferência de electrões, facilitando a redução de compostos e a produção de energia.

**2. Regulação do ferro no ser humano**

Nos seres humanos, a regulação do ferro é mais complexa e envolve várias proteínas-chave, incluindo a ferritina e a transferrina.

- **Ferritina**: A ferritina é uma proteína intracelular responsável pelo armazenamento de ferro. Armazena o ferro de forma não tóxica e liberta-o de acordo com as necessidades celulares. Uma deficiência de ferritina pode levar a uma anemia por deficiência de ferro, enquanto um excesso pode causar patologias como a hemocromatose, uma acumulação excessiva de ferro nos órgãos.
- **Transferrina**: A transferrina é uma proteína plasmática que transporta o ferro no sangue. Liga-se ao ferro e transporta-o para os tecidos onde é necessário, regulando assim a absorção e a utilização do ferro.

**Comparação de mecanismos**

Os mecanismos de regulação e armazenamento de ferro nas bactérias e nos seres humanos diferem consideravelmente:

- **Flexibilidade bacteriana**: Bactérias como a *E. coli* e *a C. acetobutylicum* demonstram grande flexibilidade na sua capacidade de capturar e utilizar o ferro, o que lhes permite sobreviver em ambientes variados e frequentemente deficientes em ferro. Os sideróforos e a ferredoxina permitem-lhes funcionar eficazmente mesmo quando a disponibilidade de ferro é limitada.
- **Complexidade nos mamíferos**: Em contrapartida, o ser humano depende de um sistema mais complexo de regulação do ferro. A ferritina e a transferrina asseguram um controlo preciso do ferro, necessário para manter o equilíbrio entre absorção, armazenamento e utilização. As perturbações genéticas que afectam estas proteínas podem conduzir a doenças graves devido à necessidade de um controlo rígido do ferro no corpo humano.

## Doenças genéticas relacionadas com o ferro

Algumas doenças genéticas relacionadas com o ferro, como a hemocromatose, só ocorrem nos seres humanos devido aos seus mecanismos específicos de regulação do ferro:

- **Hemocromatose**: Esta doença genética leva a uma acumulação excessiva de ferro nos órgãos, causando danos nos tecidos e falência dos órgãos. Mutações genéticas que afectam proteínas envolvidas na regulação do ferro, como a ferritina, podem levar a esta doença.

- **Anemia por deficiência de ferro**: A deficiência de ferritina também pode levar à anemia por deficiência de ferro, uma doença caracterizada pela deficiência de ferro e pela redução da produção de glóbulos vermelhos.
- **Evolução genética e adaptação dos mecanismos de regulação do ferro**
- A evolução dos mecanismos de regulação e armazenamento do ferro nos seres humanos e nas bactérias foi moldada por pressões ambientais e necessidades fisiológicas específicas. As mutações genéticas associadas a perturbações do metabolismo do ferro, como as que causam a hemocromatose, ilustram a forma como as alterações nos genes podem surgir em resposta a desafios fisiológicos e ambientais.
- **1. Surgimento de Mutações no Metabolismo do Ferro**
- Ao longo da evolução, ocorreram mutações genéticas em genes que regulam a absorção e o armazenamento de ferro, muitas vezes em resposta a ambientes onde o ferro era excessivo ou deficiente. A hemocromatose, por exemplo, é uma doença genética que resulta principalmente de mutações no gene HFE localizado no cromossoma 6. Esta mutação, em particular a mutação C282Y, tem

sido associada a um aumento da absorção de ferro, levando a uma sobrecarga de ferro nos tecidos. O aparecimento desta mutação poderia ter sido vantajoso em ambientes pobres em ferro, onde uma absorção mais eficiente teria ajudado os indivíduos a sobreviver.

- **2. Transmissão hereditária e seleção natural**
- As mutações genéticas, como as que afectam o gene HFE, são herdadas de forma autossómica recessiva, o que significa que os indivíduos têm de herdar duas cópias mutadas do gene para desenvolverem uma doença clínica. Em ambientes onde os níveis de ferro eram variáveis, estas mutações podem ter conferido uma vantagem selectiva àqueles com uma maior capacidade de absorção de ferro, mas também levaram a uma acumulação tóxica em ambientes ricos em ferro. Esta dupla pressão selectiva contribuiu para a persistência da mutação em certas populações, apesar de poder causar doenças graves quando expressa em níveis elevados.
- **3. Impacto específico nos seres humanos**
- As mutações que afectam os genes ligados ao metabolismo do ferro estão especificamente ligadas a doenças humanas como a hemocromatose. Em contraste com estas mutações, as bactérias desenvolveram mecanismos de regulação e armazenamento do ferro que evitam os efeitos tóxicos do excesso de ferro, como os sideróforos e a ferredoxina. Estes mecanismos permitem que as bactérias sobrevivam em ambientes com variações na

disponibilidade de ferro sem os mesmos riscos de sobrecarga. A ausência de doenças semelhantes nas bactérias sugere que as mutações humanas nos genes que regulam o ferro são o resultado de uma evolução complexa específica para as necessidades dos mamíferos.

- **Conclusão**
- Em conclusão, a evolução dos mecanismos de regulação do ferro nos seres humanos e nas bactérias ilustra a adaptação a pressões ambientais únicas. As mutações genéticas, como as associadas à hemocromatose, mostram como as alterações nos genes reguladores podem ter efeitos variados consoante os ambientes e as necessidades fisiológicas, com implicações específicas para a saúde humana. As diferenças nos mecanismos de regulação do ferro entre as bactérias e os seres humanos realçam a evolução paralela dos sistemas biológicos adaptados aos seus contextos particulares.

## Significado da ferritina baixa e importância da consulta médica

Um valor baixo de ferritina, como 20 ng/mL, é frequentemente um sinal de deficiência de ferro. A ferritina é uma proteína essencial para armazenar ferro no corpo, e os seus níveis sanguíneos reflectem as reservas de ferro disponíveis. Em geral, os valores de referência da ferritina são :

- **Homens**: 30 a 300 ng/mL
- **Mulheres**: 30 a 200 ng/mL

Uma ferritina abaixo destes valores indica deficiência de ferro, e um nível de 20 ng/mL é particularmente preocupante, pois está fora do intervalo normal, sugerindo que as reservas de ferro são baixas.

**Possíveis causas de ferritina baixa**

1. **Deficiência de ferro na dieta**: O consumo insuficiente de alimentos ricos em ferro, como carne vermelha, legumes e vegetais de folha verde, pode levar a uma queda nos níveis de ferritina.
2. **Absorção prejudicada**: Condições como a doença celíaca ou a gastrite podem afetar a absorção de ferro no trato gastrointestinal.
3. **Perda de sangue**: A hemorragia crónica, como a causada por uma menstruação abundante ou por uma hemorragia gastrointestinal, pode levar a uma redução das reservas de ferro.

**Consequências clínicas**

Uma ferritina baixa pode levar a uma anemia por deficiência de ferro, caracterizada por sintomas como fadiga, fraqueza, palidez e tonturas. A longo prazo, a deficiência de ferro não tratada pode afetar a função cognitiva e imunitária, bem como a saúde cardiovascular.

**Avaliação e diagnóstico**

É fundamental consultar um médico para avaliar as causas subjacentes à ferritina baixa. Outros exames podem incluir :

- **Ferro sérico**: Medida do ferro que circula no sangue.
- **Capacidade total de ligação do ferro (TIBC)**: Avalia a capacidade do sangue para ligar o ferro.

- **Transferrina**: Proteína que transporta o ferro no sangue e cujos níveis aumentam em caso de carência de ferro.

Se houver suspeita de mutações genéticas como as do gene HFE, pode ser efectuado um teste genético para determinar a presença de mutações como a C282Y, associada à hemocromatose. Estes testes permitem perceber se a deficiência de ferro se deve a uma condição genética ou a outros factores.

**Plano de gestão**

Um diagnóstico preciso permite a implementação de um plano de tratamento adequado, que pode incluir :

- **Suplementos de ferro**: prescritos para aumentar as reservas de ferro.
- **Modificação da dieta**: Incluir alimentos ricos em ferro e estratégias para melhorar a absorção do ferro.
- **Tratamento das causas subjacentes**: Por exemplo, o tratamento de doenças que afectam a absorção do ferro ou a resolução de problemas de perda de sangue.

Em conclusão, uma ferritina baixa requer uma avaliação médica exaustiva para determinar a causa e conceber um tratamento adequado. Não ignore estes sinais e consulte um profissional de saúde para obter aconselhamento e acompanhamento adaptados à sua situação.

**Impacto da carência de ferro na tensão arterial**

A deficiência de ferro, frequentemente indicada por níveis baixos de ferritina, pode ter um impacto significativo na tensão arterial. Esta condição, que pode levar a uma anemia por deficiência de ferro, reduz a capacidade do sangue para transportar oxigénio de forma eficiente, o que pode influenciar a pressão arterial de várias formas.

A anemia por **deficiência de ferro e a tensão arterial**

A anemia por deficiência de ferro caracteriza-se por uma redução do número de glóbulos vermelhos e de hemoglobina, o que pode levar a hipoxia (falta de oxigénio) nos tecidos do corpo, incluindo o sistema cardiovascular. Esta hipoxia pode levar a uma pressão arterial baixa (hipotensão), uma vez que o coração tem dificuldade em bombear o sangue de forma eficiente devido à redução do volume total de sangue e da capacidade de transporte de oxigénio.

**Mecanismos fisiopatológicos**

A deficiência de ferro pode levar a uma série de mecanismos que afectam a pressão arterial:

- **Redução** do **volume** de **sangue**: A redução do número de glóbulos vermelhos reduz o volume total de sangue, o que pode baixar a tensão arterial.

- **Aumento do débito cardíaco**: Para compensar a baixa capacidade de transporte de oxigénio, o coração pode aumentar o débito cardíaco, o que pode influenciar os valores da pressão arterial.
- **Alterações vasculares**: Os vasos sanguíneos podem tornar-se menos reactivos e mais susceptíveis a variações da pressão arterial devido à fraqueza das paredes vasculares.

**Controlo e tratamento**

É essencial corrigir a deficiência de ferro para melhorar os níveis de ferritina, aumentar a contagem de glóbulos vermelhos e normalizar a tensão arterial. Os tratamentos podem incluir:

- **Suplementos de ferro**: prescritos para aumentar as reservas de ferro.
- **Modificação da dieta**: Incluir alimentos ricos em ferro e estratégias para melhorar a absorção do ferro.
- **Acompanhamento médico**: Monitorizar os níveis de ferritina, a tensão arterial e outros parâmetros sanguíneos para avaliar a eficácia do tratamento e ajustar as intervenções, se necessário.

Em conclusão, a deficiência de ferro pode influenciar a tensão arterial, geralmente causando uma tensão arterial baixa devido à anemia por deficiência de ferro. Os mecanismos envolvem uma redução do volume sanguíneo, um aumento do débito cardíaco e alterações vasculares. Uma avaliação médica exaustiva e um tratamento adequado são essenciais para corrigir a deficiência de ferro e gerir o impacto na tensão arterial.

**Em suma,** as diferenças na regulação do ferro e nos mecanismos de armazenamento entre as bactérias e os seres humanos revelam uma adaptação evolutiva às necessidades específicas de cada organismo. As bactérias, com os seus sistemas flexíveis como os sideróforos e a ferredoxina, podem sobreviver numa variedade de ambientes com níveis de ferro flutuantes. Os seres humanos, por outro lado, dependem de um sistema complexo de regulação do ferro que envolve a ferritina e a transferrina, e as perturbações genéticas nestes sistemas podem conduzir a patologias graves.

Uma compreensão aprofundada destas diferenças pode fornecer informações valiosas para o desenvolvimento de tratamentos específicos e de melhores estratégias de gestão das doenças relacionadas com o ferro. A investigação futura deve continuar a explorar estes mecanismos variados para descobrir novas abordagens terapêuticas e biomarcadores precisos para as doenças relacionadas com o ferro.

# Conclusão

A regulação do ferro é um domínio complexo e fundamental na biologia dos organismos vivos. Os mecanismos de armazenamento e transporte do ferro variam consideravelmente entre bactérias e eucariotas, ilustrando uma adaptação evolutiva a necessidades específicas e a diferentes ambientes. As bactérias, utilizando proteínas como a ferredoxina e sideróforos como a enterobactina, demonstram uma capacidade notável para capturar e utilizar o ferro em processos vitais. Em contrapartida, os seres humanos dependem de sistemas sofisticados, como a ferritina e a transferrina, para manter o equilíbrio do ferro no organismo, prevenir deficiências e evitar sobrecargas. As doenças genéticas ligadas ao ferro, como a hemocromatose, revelam o impacto devastador das perturbações destes mecanismos de regulação.

**Glossário:**

- **Ferritina**: Proteína responsável pelo armazenamento de ferro nas células, principalmente no fígado, baço e medula óssea.
- **Hemocromatose**: Doença genética caracterizada por uma acumulação excessiva de ferro nos tecidos do corpo, devido a um aumento da absorção de ferro.
- **Anemia por deficiência de ferro**: Condição resultante de uma deficiência de ferro, que leva a uma redução da produção de glóbulos vermelhos e provoca fadiga e palidez.
- **Stress oxidativo**: Danos celulares causados por radicais livres e espécies reactivas de oxigénio, frequentemente associados à sobrecarga de ferro.
- **Sideróforo**: Molécula segregada pelas bactérias para capturar e transportar ferro do ambiente para a célula.
- **Bacterioferritina**: Proteína de armazenamento de ferro em bactérias, estruturada para armazenar ferro com segurança.
- **Ferredoxina**: Proteína que contém ferro e que participa na transferência de electrões em vários processos metabólicos.
- **Hepcidina**: Hormona produzida pelo fígado que regula a absorção e o armazenamento de ferro através da modulação da atividade da ferroportina.

- **Transferrina**: Proteína plasmática que transporta o ferro no sangue.
- **Terapia genética**: Tratamento destinado a corrigir mutações genéticas que causam doenças.

**Referências :**


1. Anderson, G. J., & Frazer, D. M. (2017). Metabolismo do ferro e as implicações para os distúrbios do ferro. *Fronteiras em Farmacologia, 8*, 19.
2. Andrews, N. C. (1999). Regulation of iron metabolism: Insights from mouse models. *Nature Reviews Molecular Cell Biology, 1*(4), 238-248.
3. Beutler, E. (2004). Doenças de sobrecarga de ferro: Diagnóstico e tratamento. *Hematologia, 9*(1), 15-23.
4. Cook, J. D., & Skikne, B. S. (2008). Avaliação do estado do ferro. *Best Practice & Research Clinical Haematology, 21*(2), 245-258.
5. Frazer, D. M., & Anderson, G. J. (2014). A regulação da homeostase do ferro. *Biochimica et Biophysica Ata (BBA) - Molecular Cell Research, 1843* (12), 2187-2198.
6. Ganz, T., & Nemeth, E. (2012). Homeostase do ferro na defesa do hospedeiro e inflamação. *Nature Reviews Immunology, 13*(5), 281-292. https://doi.org/10.1038/nri3448
7. Hider, R. C., & Kong, X. L. (2013). Química e biologia de sideróforos. *Natural Product Reports, 30*(5), 493-518. https://doi.org/10.1039/c3np20022g
8. Johnson, J. L., & Myers, K. (2018). Regulação do ferro e o papel das ferredoxinas nas bactérias. *Jornal de Bacteriologia, 200*(10), e00709-17.

9. Krezel, A., & Maret, W. (2007). A química inorgânica biológica dos iões de zinco. *Archives of Biochemistry and Biophysics, 463*(2), 254-263. https://doi.org/10.1016/j.abb.2007.05.013

10. Nemeth, E., & Ganz, T. (2014). Regulação do metabolismo do ferro pela hepcidina. *Revisão Anual de Nutrição, 34*, 97-114. https://doi.org/10.1146/annurev-nutr-071813-105439

11. Pietrangelo, A. (2004). Hereditary hemochromatosis: A new look at an old disease. *New England Journal of Medicine, 350*(23), 2383-2397.

12. Torti, S. V., & Torti, F. M. (2002). Iron and cancer: More ore to be mined. *Nature Reviews Cancer, 2*(3), 188-195. https://doi.org/10.1038/nrc744

13. Weiss, G., & Goodnough, L. T. (2005). Anemia de doença crónica. *New England Journal of Medicine, 352*(10), 1011-1023. https://doi.org/10.1056/NEJMra041809

14. Zhang, D., & Liu, G. (2015). O papel da transferrina na homeostase do ferro e sua aplicação em estratégias terapêuticas. *Journal of Clinical Biochemistry and Nutrition, 57*(2), 107-113. https://doi.org/10.3164/jcbn.15-6

MIX
Papier aus verantwortungsvollen Quellen
Paper from responsible sources
FSC® C105338

Printed by Books on Demand GmbH, Norderstedt / Germany